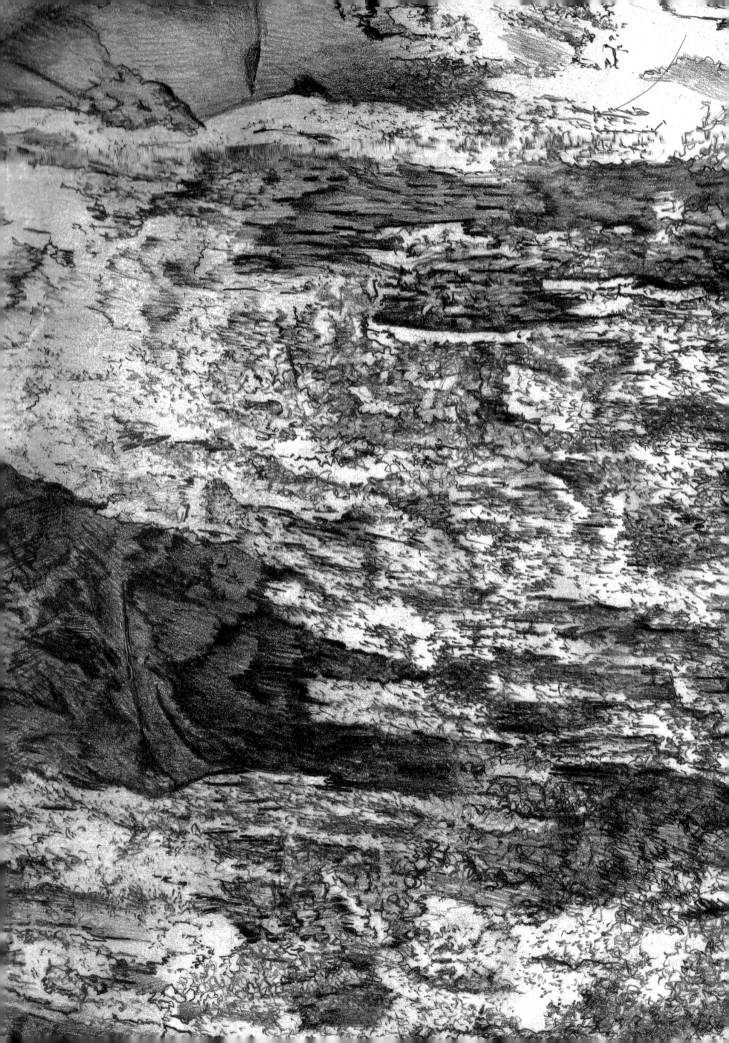

这是个关于整个广阔宇宙，及其中每一种微小事物——包括你和我——之间神秘联系的想象故事，令人眼前一亮。约翰·巴尼特绝妙的手绘插图绝对会令你，以及所有对自然、艺术和人性感兴趣的人震惊。

——罗斯玛丽·马奥尼 《沿尼罗河而下：独自驾船旅行》《为了那些看见者的利益：来自盲人世界的特别通讯》作者

约翰·巴尼特的书是化学的艺术：他用碳原子的运动创作了诗歌。准备迎接一场充满智慧和美丽插图的智力探险吧！

——乔治·扎丹 美国化学学会执行制片人、《成分：我们身体内外的神奇化学》作者

精心绝妙—— 一场眼睛和心灵的盛宴。

——史蒂文·平克 哈佛大学心理学系约翰斯通讲席教授、《当下的启蒙：理性、科学、人文主义和进步的案例》作者

约翰·巴尼特极为出色的画作带我们经历了一段史诗般的旅程。这种迷人的体验，一定会让读者以全新的方式审视自己以及周围的世界。

——尼克·索萨尼斯 《非平面》作者

这本书对碳这种使生命成为可能的多变元素本质，进行了发自内心的深刻又异想天开的思考。

——阿尼尔·阿南塔斯瓦米 《同时通过两扇门：捕捉我们量子现实的优雅实验》作者

这些引人入胜的图画带动了约翰·巴尼特这个碳故事的讲述，所有这些构成的富有洞察力的见解是他个人对普里莫·莱维崇高的敬意。

——亚历山大·卡森 纽约普里莫·莱维出版社出版总监

我觉得没有比约翰·巴尼特的这本书更好的，通向伟大科学和伟大艺术交会处的途径。

——马特·卡普兰 美国行星协会行星电台主持人、制作人

一个原子的旅行

[美]约翰·巴尼特 著绘

武建勋 译

中信出版集团 | 北京

图书在版编目（CIP）数据

一个原子的旅行 /（美）约翰·巴尼特著绘；武建
勋译 . -- 北京：中信出版社，2022.9
   书名原文：Carbon: One Atom's Odyssey
   ISBN 978-7-5217-3902-2

Ⅰ . ①一… Ⅱ . ①约… ②武… Ⅲ . ①碳－普及读物
Ⅳ . ① O613.71-49

中国版本图书馆 CIP 数据核字 (2022) 第 007176 号

一个原子的旅行

著 绘 者：［美］约翰·巴尼特
译   者：武建勋
出版发行：中信出版集团股份有限公司
        （北京市朝阳区惠新东街甲4号富盛大厦2座 邮编 100029）
承 印 者：鸿博昊天科技有限公司

开   本：889mm×1194mm   1/16   印   张：4.75   字   数：50 千字
版   次：2022 年 9 月第 1 版   印   次：2022 年 9 月第 1 次印刷
京权图字：01-2021-4773
书   号：ISBN 978-7-5217-3902-2
定   价：58.00元

图书策划：好奇岛
策划编辑：范子恺   责任编辑：邹绍荣   营销编辑：张远 张琛
封面设计：谢佳静   内文排版：王莹

谨向普里莫·莱维的人性和优雅致以敬意与感激之情。

还有，感谢母亲和我一起度过了许多快乐时光。
她教我画画，当然还教我如何用眼睛观察。

还要感谢伊索尔德，我最好的朋友、妻子、老师，
她让我的化学分子得以再次建构。

序一

约翰·巴尼特的这本书是他对普里莫·莱维的致敬，也是对非凡碳原子的致敬。对于约翰·巴尼特及其他许多人来说，机缘巧合发现《元素周期表》这本书具有变革性的影响。你在这本书中所看到的图片证明了，在那本书进入我们的想象之后，世界变得多么不同。

普里莫·莱维选择用"碳"作为《元素周期表》的结尾元素章节有很多原因。最重要的是，没有碳，就没有普里莫·莱维，就没有罗德·霍夫曼，就没有约翰·巴尼特。它的功能丰富。是的，我们有时希望世界变得简单。但如果我们仔细想想，正是因为有众多思想的存在和漫游，文学和艺术才被创造出来，我们所珍视的多样性最终源于复杂性。生活中一定不止 90 种到 100 种不同的东西或元素。碳原子和它的键合能力，使我们美丽的有机混沌世界得以存在，让人们得以思考过去和描绘未来。碳使这一切产生了亚稳定的复杂性。

让我解释一下。所谓亚稳定，我指的是通俗上说的某种程度的稳定，或者是一段时间的稳定——不，不是在太阳内部，而是在地球上。碳的复杂性来自每个碳原子都能够形成非常强的共价键，就像树木生长一样——无论是在自然界中，还是在实验室里的化学家手中——形成有机分子碳的链和环。结构成型，碳原子以我们所能看到的近乎无限的方式连接，从而产生了有机体中拥有一万种酶、颜色和质地所必需的复杂性。多样性便由此演化而来。

亚稳定好吗？如果新生命即将到来，碳必须坚持一段可塑的时间，虽然百分之一秒不足以让约翰·巴尼特画出黎巴嫩的雪松，但此时可以说碳是稳定的。如果有机体的分子一成不变，拥有无限寿命，那什么也不会改变。树木不会生长，人不会造纸，艺术家也不会在纸上作画。变化或不稳定才是宇宙根本。太稳定和一点儿都不稳定同样不好。

碳无处不在，有些化学分子建立在这种独特元素的化学结构上。普里莫·莱维想讲述单个碳原子的故事。最终他做到了。在这里，约翰·巴尼特邀请我们跟随碳原子展开它奇妙的图解之旅。碳原子不会单独停留太久。所以，我们赶紧开始吧。

[美]罗德·霍夫曼
1981 年诺贝尔化学奖获得者

序二·一个原子的史诗，一个关于生命的奇迹

《一个原子的旅行》是由美国艺术家约翰·巴尼特，根据意大利化学家普里莫·莱维的著名作品《元素周期表》中最后一个元素故事"碳"改编而成的。这是一本独具匠心且极具人文关怀的科普读物。这本书通过精美的碳素笔插画和生动的语言，向读者展示了碳原子自诞生之日起，在宇宙万物之间转化与轮回的曼妙旅程。

要介绍这本书，就不得不提普里莫·莱维。他不仅是一名化学家，还是意大利知名作家。除此之外，他还有一个特殊的身份——奥斯威辛集中营幸存者，第174517号囚犯。他也是20世纪引人注目的公众喉舌，备受索尔·贝娄、菲利普·罗斯、卡尔维诺以及安伯托·艾柯等文学家的推崇。

《元素周期表》是普里莫·莱维的代表作之一，被英国科学研究所评为前所未有的科学著作，2016年被BBC（英国广播公司）改编成广播剧用于公众教育。这部作品充分体现了普里莫·莱维作为化学家对于化学元素的深刻理解，对人间万象以及人生意义与物质世界隐秘联系的深刻思考和追问。

一个化学家对这个世界的观察视角是独特

的。他不仅能看到物质世界的多姿多彩，还能看到构成这些物质的基础——基本元素，以及元素之间不同的排列组合。从本质上说，大千世界不同物质之间有着共同的基础——元素。元素和元素编织而成的元素周期表提供给我们重新看待世间万物的视角。

约翰·巴尼特年轻的时候，因偶然读到普里莫·莱维的《元素周期表》而爱上了化学。他用碳素笔画把碳原子与生命的轮回演变，在这本书中呈现给今天的读者。

尽管今天已经是一个崭新的时代，但仍然没有什么元素，比碳更能代表世间最重要的奇迹之一——生命。作为构成生命体的根本元素之一，碳的演变史，其实就是生命的进化史。

所有生命，主要始于碳。碳是组成生命最重要的基本元素之一。构成地球生命体的大部分物质，比如蛋白质、糖、核酸，几乎都是以碳链为骨架的。所以没有碳，就没有生命。

读这本《一个原子的旅行》，你将从碳原子的视角，追踪它的一生，从而看到一幅关于宇宙

历史与地球生命的壮丽画卷。

碳原子的生命历程非常久远。宇宙大爆炸后，当第一批恒星快要消亡的时候，我们的主人公正式登场——三个氦原子核聚变形成一个碳原子。等到一颗恒星惊天动地地爆发成为超新星后，它抛散的含有碳元素的尘埃，随着宇宙星风飘向新的地方。

在接下来的漫长旅行中，有一些在宇宙中漫游的碳原子，被深深埋进了地幔里。再后来，它与同样漫游到地球的氧原子结合，形成了二氧化碳，并溶解于地球原始海洋里，又与氢结合在一起，形成了类细胞结构。更复杂的有机生命和繁衍即将在此之后展开，碳开始进入生命演化的进程。

在这本书中，我们可以看到这颗小小碳原子的星际漫游史，看到它戴月披星的旅行和轮回：从参与植物光合作用的二氧化碳，到能被动物或人体吸收的重要营养成分葡萄糖，再到通过呼吸被重新释放回到空气中的二氧化碳，然后经由种种方式重新回到我们中间。

一个小小的碳原子的史诗，何尝不是浩瀚宇宙约 138 亿年的万物简史。在碳的漫游旅行中，生命诞生、消亡、再重新诞生，无尽地循环。

这也正是我们每个人的奇迹。正如这本书中最后的呈现，碳进入"我"的大脑，就在神经末梢，含有碳的糖最终形成神经物质，服务于"我"的意识，引导"我"的思想，最终引导作者写完这本书的最后一个标点。

这是多么不可思议的事。当你今天坐在这里读着这本书的时候，那些宇宙大爆炸时星辰的碎片，经历约 138 亿年漫长的岁月，与你之间，通过这一个小小的碳原子，形成一条连绵不断的生命之链。

这就是碳，一个原子的史诗，一个关于生命的奇迹。

韩布兴
中国科学院院士

前言

像大多数美国高中生一样，我也曾被要求选修常规课程中的化学和英语。只有让像我这样的孩子多做些玩挥发性化合物和明火的冒险行为，化学才能让我感到兴奋。也许除了霍尔顿·考尔菲德[1]出离的愤怒和哈克贝利·费恩[2]假死后在大河里顺流而下的胆大妄为之外，英语很难给人带来化学那样的刺激。

我想我有一个模糊的概念，即所有这些学习会使我成为某方面更好的一个人。但是在我看来，这两门功课除了一成不变的乏味之外，并没有其他相通之处。我选了一本严肃且十分接地气的藏青色笔记本来做化学笔记，又选了个亮橙色的本子记录英语文学中充满激情的文字。若是把它们都比作火车，那么它们绝对是开往截然不同的城镇。

年轻时，我认真听取了马克·吐温的建议，决定不让学校干涉我的教育。因此，我没有去上大学，而是去看我认知之外的世界。我去了一些地方，途中有人递给我一本意大利化学家兼作家——"化学家兼作家？是什么鬼？"——普里莫·莱维的《元素周期表》。我读了读，觉得挺喜欢，于是又读了一遍。天！我爱上这本书了！

《元素周期表》既是本自传，也是部短篇小说集，探索了丰富生活中多姿多彩的片段。我从中了解到了童年的恶作剧、懵懂的恋情、一同探险产生的坚定友谊，以及奥斯威辛集中营的恐怖。这不单是丰富的人生，而且是充满深切体恤之情、风趣智慧的生活。最后一篇元素故事——"碳"，可以是任何人自传的终章——不仅仅是死亡的故事，也是从他或我们在宇宙连续体中所处位置来看的更宏大视角。因为相较死亡，"碳"更多讲的是蜕变。

我收到过很多一同旅行的人给的书，可以

---

① 《麦田里的守望者》主人公。——编者注
② 马克·吐温所著《哈克贝利·费恩历险记》主人公。——编者注

想见很多是"这将改变你的生活，伙计"之类的内容。但它们并没有这种效果，还不如用这些所谓"先知书"换一个法棍面包。但"碳"不一样，这是一场关于碳原子的探险，化学和文学交织在一起。碳原子组成碳分子及其化合物，像哈克贝利和吉姆一样沿着宇宙的湍急之河奔流而下。事实上，它就是哈克贝利。它就是吉姆。它就是河流。它就是那木筏。它就是呼吸的空气、闪耀的星星，甚至是想上岸或继续前进的那一股冲动。它参与了自己的过去，也将经历自己的明天。

我从没读过这样描述世界的书。美术课要求我们练习画负空间，即实体物质之间的留白。这是一个棘手但有用的视角转换，通过减轻对熟悉对象的理解负担，帮助我提高了呈现技巧。我很喜欢这类训练，但不喜欢不顾一切的负空间。为什么是负？为什么是空间呢？它只是结构不同，密度更小罢了。好吧，是气体而不是固体。

但这只是暂时的。当然，随着时间的推移，这些界限会变得模糊。木头难逃细菌和真菌之口，细菌和真菌呼吸着木头周围的空气。木头的质量部分也来自于此。处在反应中时，谁能说清楚这是何时终止，又从何时开始的呢？

普里莫·莱维写道，他的故事当然是真实的，因为数以百万计的变化都是同样真实的。我喜欢这一事实的确定性，也喜欢模糊的界限，还有物质的不断变化，那有限的成分创造出的无尽变化。好吧，我只是喜欢一切探险。

所以，本书故事也是真实的。仔细捕捉住这种真理闪现时的一鳞半爪后，为了记录它，我在作画时格外小心，但同样也仅仅是花时间和它在一起。感谢这个原本根本不可能存在的主题，将这种美好而短暂的真理瞬间铭刻在我的脑海中，直到用作他途。

约翰·巴尼特

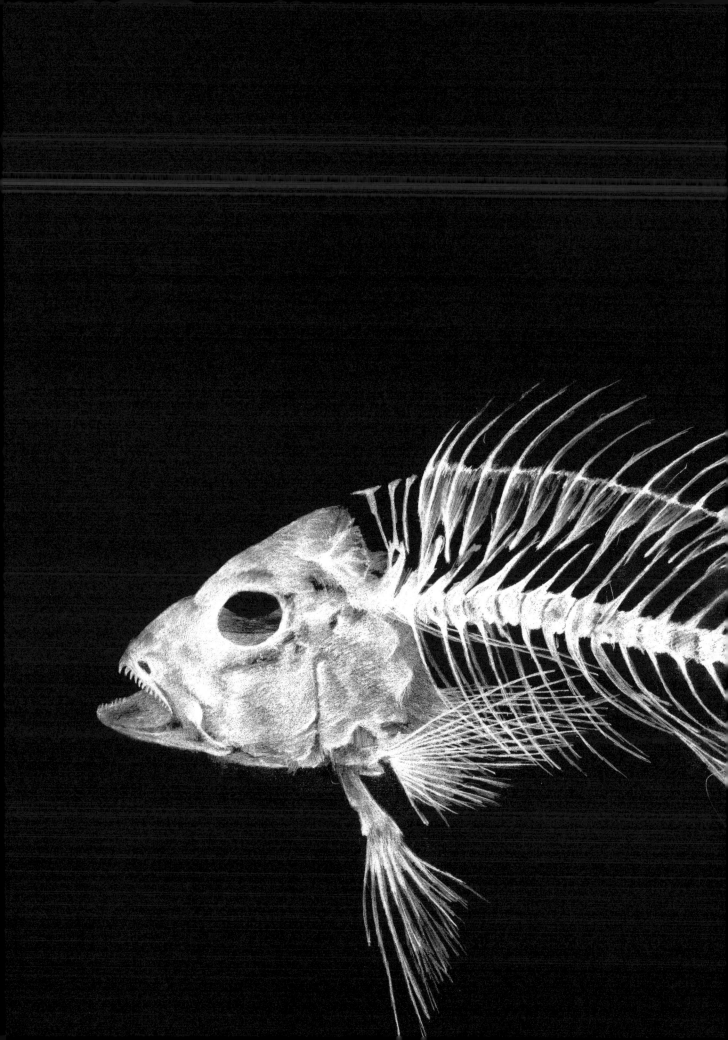

任何事物都不可能消亡至一无所有，
同理，大自然也不允许不伴随相应消亡的诞生。
因为大自然遵循物质不灭定律。

——［古罗马］卢克莱修

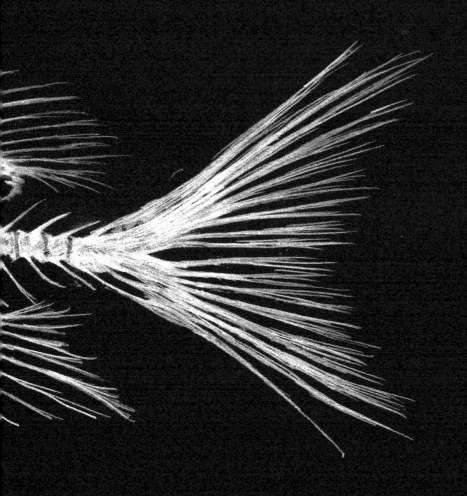

C

　　故事还得从头说起。这么一来，单体碳原子的生命历程，就要追溯至远不可及的约 138 亿年前了。彼时，宇宙以一场大爆炸[1]宣布它的诞生。而碳原子（C）的出现，确切地讲还要再过约五亿年。这期间，炽热且密度极大的早期宇宙膨胀后冷却到足以形成宇宙中的第一批元素——氢和氦，巨量的元素构成的气体云形成第一批恒星。其中，一颗硕大无朋的恒星不断燃烧着，放射出热量和光芒。等它快死去时，就会密集地形成重元素。此时，我们的主人公才正式登场——三个氦原子核聚变会形成一个碳原子。在这颗恒星惊天动地且无比壮观地爆发形成超新星后，它抛散的含有碳元素的尘埃随宇宙星风去向新的地方，虽然没有明确的目的地。

① 大爆炸理论只是宇宙起源理论中的一种，但却是最有影响的 ——编者注

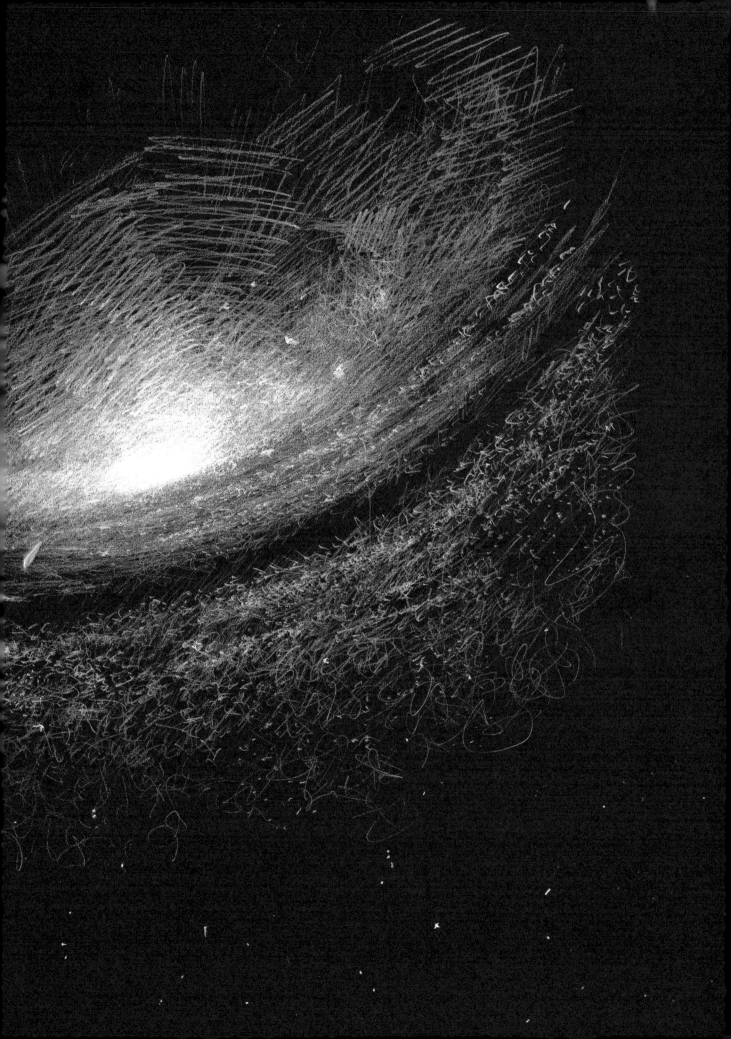

　　宇宙爆发竞赛此时正进行得如火如荼。量子波动和基本引力影响了物质和能量在宇宙中的分布。在暴胀和引力、物质与反物质之间旷日持久且激烈的拉锯战中，碳原子席卷而来，和其他原子一起编织出密度不一的气体云团。这是聚合在一起的原行星盘的一部分，原行星盘受到某颗中等大小恒星的引力控制，而这颗恒星又受到数十亿颗与它类似的恒星引力吸引。这就形成了一个星系。这个星系在拉尼亚凯亚超星系团中也处于一种类似的引力平衡状态。一段时期内，这里将成为碳原子的家园。

C

　　在一个普通星系中，一颗普通恒星周围的原始星云为恒星形成中的
行星提供建筑材料。附近一大块大约 46 亿年前形成的富含铁和硅酸盐
的陆地物质，已经冷却到足以承受一些猛烈撞过来的大质量物质的程度。
在大撞击纪元的混乱中，来自小行星的水和原行星盘的易挥发元素受到
了这颗年轻行星——地球的引力影响，并在一次次的撞击中被留在地球
上。这个故事中的主要粒子碳是众多迁移粒子中的一种，这种粒子如今
已经嵌入宜居的地幔中。

碳原子易成键和有助于形成长分子链的特性，是构建复杂多样结构的关键。一个碳原子与两个氧原子结合后，就形成了一种常见分子——二氧化碳。二氧化碳此时溶解于富含铁的原始海洋中。

大约 38 亿年前，二氧化碳分子造访了太古宙海底的一座失落之城。这里有大西洋中部热液喷口处的碳酸钙质塔。它们的内部有曲折蜿蜒的催化室，为这种寒冷的酸性海水和从地幔释放出来的温暖碱性流体的相遇提供了合适的反应器皿。在各种温度和酸碱度条件之下，二氧化碳和氢等结合在一起，形成了类细胞结构，如果你愿意这么说的话。其实，这只是复杂有机生命产生和繁衍进程中的一个偶然。

O＝C＝O

　　长期溶解并漂浮在海水中的二氧化碳分子如今已经上升至接近海洋表面。在此处，它被颗石藻充分利用。这种单细胞浮游生物将碳和氧引入钙中。碳、氧、钙三者结合生成了碳酸钙。颗石藻利用碳酸钙建立了防护性外骨骼，于是得以生活在阳光地带，但它们生命的归宿仍在海底。经历了漫长岁月，在海水的压力和地球的引力作用之下，微小的颗石①越来越多，越积越高，后来随着海平面下降而显露出来。

① 颗石藻死亡后一般会解体为颗石，成为海底沉积物的主要组成成分之一。——编者注

$$Ca^{2+} \quad \left[\begin{array}{c} O \\ \| \\ C \\ O \quad O \end{array} \right]^{2-}$$

　　生命不断演化。繁衍、选择和对环境刺激的适应性突变产生了惊人的生物多样性。中生代的地球上，海平面上升，大陆漂移，气候温暖。直到最后一个纪——白垩纪的晚期，地球才迎来了寒冷干燥的气候。此时，我们发现 7000 万年前的宇宙访客仍然以碳酸钙的形式存在于石灰岩悬崖中。虽然已经浮出水面，但在接下来的数百万年里，它仍按兵不动，见证了即将落幕的恐龙时代。

$$O = C = O$$

　　地球上的一种以碳元素为基础的生命——人类的祖先巧妙地使用工具和火，并从中发现了掌控这些物质的方法。随着技术日益成熟，他们学会了改变物质的构成和状态，以满足自己的各种目的。他们用镐从悬崖上劈下石灰石，放入窑中煅烧后，高温破坏了碳原子长久以来不曾断过的化学键。此时，碳原子牢牢结合着两个氧原子。它又可以自由移动了，只不过是以气体二氧化碳的形态。

$$\mathsf{O}\!=\!\mathsf{C}\!=\!\mathsf{O}$$

地球上速度最快的动物游隼，在一次急遽的狩猎潜水中将二氧化碳气体吸入体内，还未吸收，便又将它排了出来。

O＝C＝O

二氧化碳气体溶解在海洋中，并在一个水域附近找到了合适的交通工具。它被送回大气层。同时为了热量平衡，它借助于钦诺克风、西洛科风、密史脱拉风、利贝乔风和哈马丹风这类气流在地球这颗行星上滑行了数次，或高或低，或快或慢，越过高山、沙漠、城市和广阔的极地冰层。

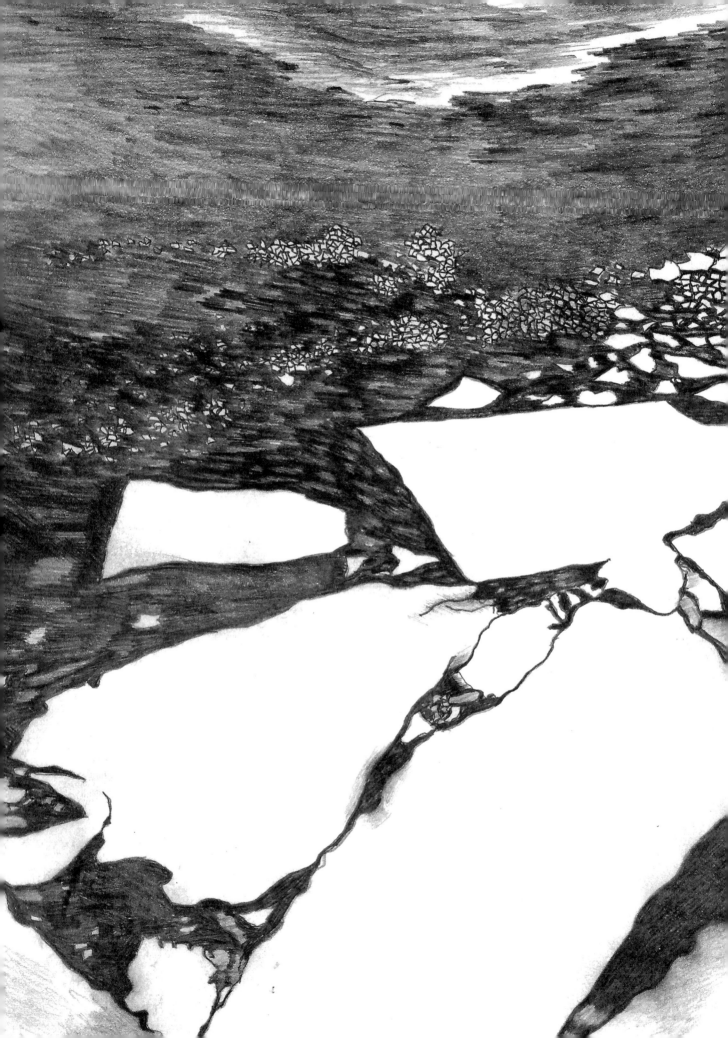

　　碳原子仍然和两个氧原子舒舒服服地结合在一起。长途跋涉了这么长时间，它终于在环球旅行中找到了喘息的机会，向一片葡萄叶的叶面投降了。但是不要被它迷惑了。这不仅仅是旅行中的小憩或中场休息。事实上，它丰功伟绩中最伟大的一段故事也许即将从这儿开始。

　　伴随着水和来自离我们最近的恒星——太阳的光子能量，光合作用的光辉随之而来。这种绝对平常但又非凡的光合作用的产物有葡萄糖和氧气等——正如我们所知道的，是地球上生命赖以生存的物质。

　　葡萄的汁液从叶流动到花梗，到茎，再到葡萄。果实一成熟，农民就将它们摘下、碾压、过滤、装瓶。碳原子在葡萄糖的强六边形结构中保持住阵型，可以使果汁变甜。加上酵母，过些时日，果汁就变成了葡萄酒。

　　皮埃蒙特一个农民经历一天漫长的劳作后，痛痛快快地喝了这种葡萄酒。未经酵母转化的葡萄糖在他的肝脏里储存了一周。

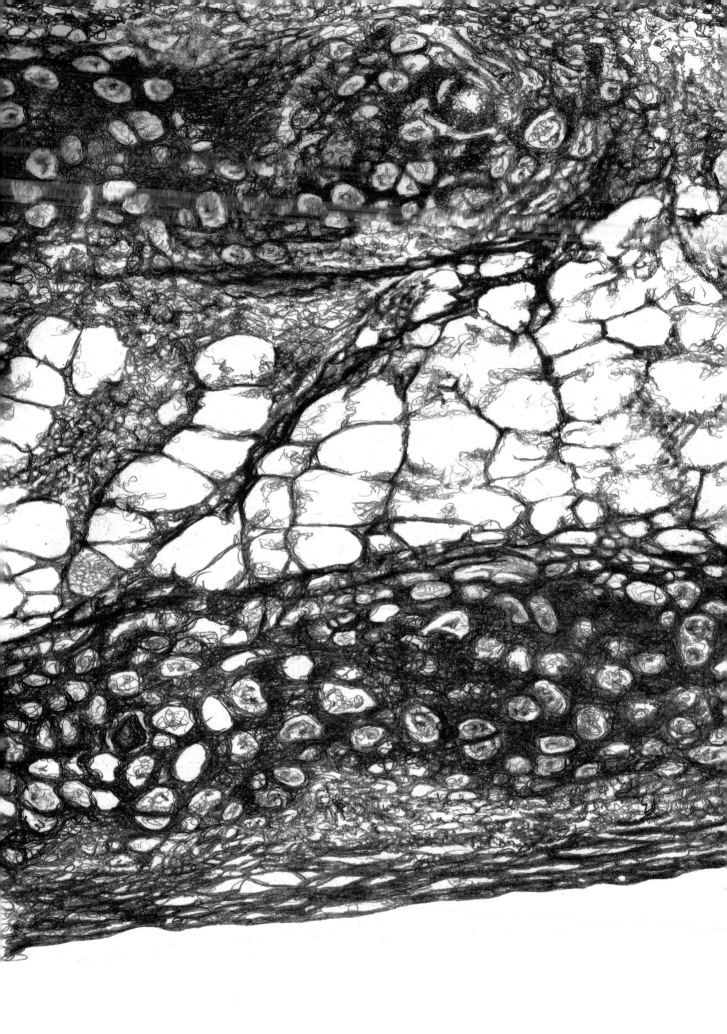

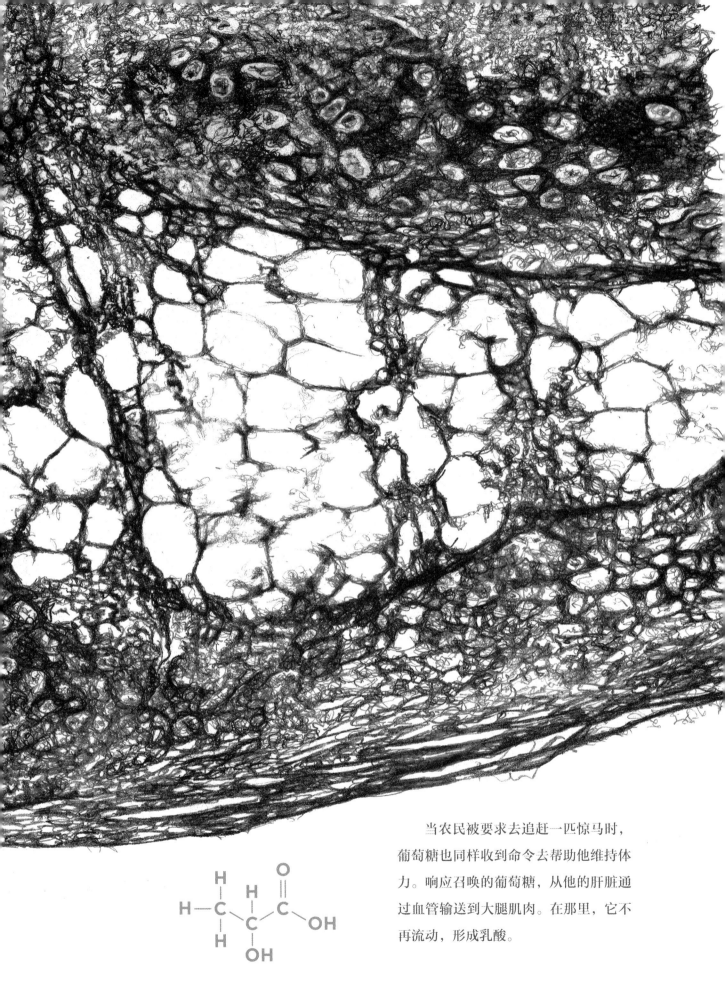

当农民被要求去追赶一匹惊马时，葡萄糖也同样收到命令去帮助他维持体力。响应召唤的葡萄糖，从他的肝脏通过血管输送到大腿肌肉。在那里，它不再流动，形成乳酸。

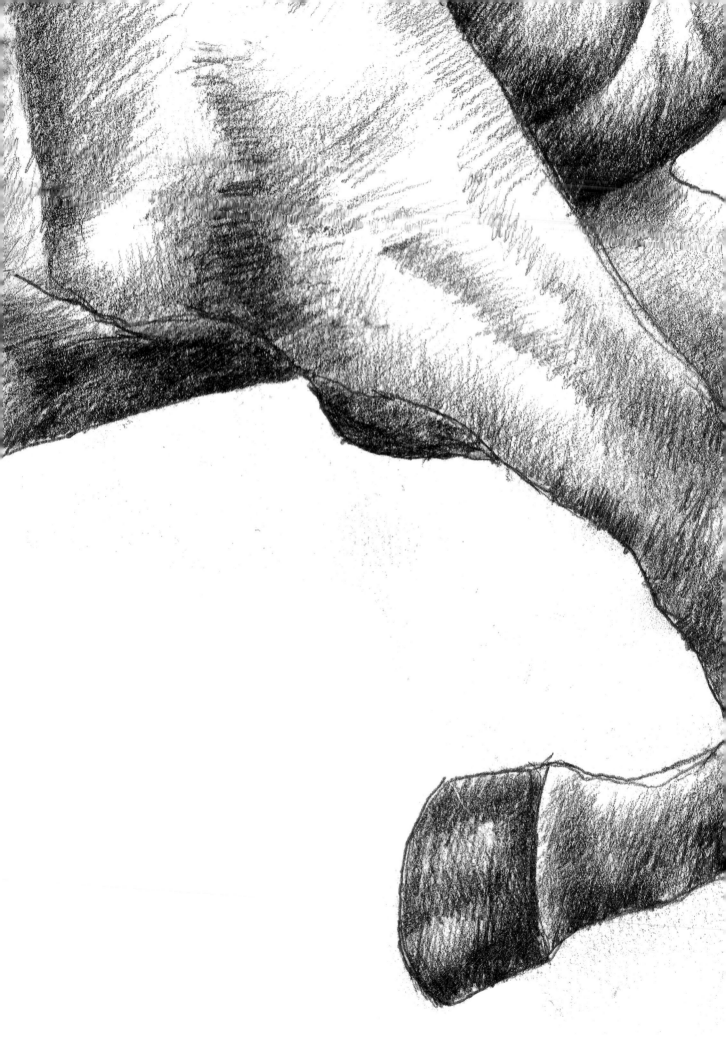

O＝C＝O

就这样，来自遥远太阳的能量被应用于葡萄叶上的化学反应。其中一部分转化为机械能，农民得以追赶惊马了。在疯狂追逐了一段时间后，农民花点儿时间做了深呼吸，吸入氧气。随着乳酸在腿部的氧化，极度的疲劳感得到了些许缓解。血液涌动时，束缚在二氧化碳中的碳原子，再一次从农民体内呼出到体外周围略热的空气中。西风带、信风和无风带使二氧化碳分子在对流层中进行更多的环球旅行。

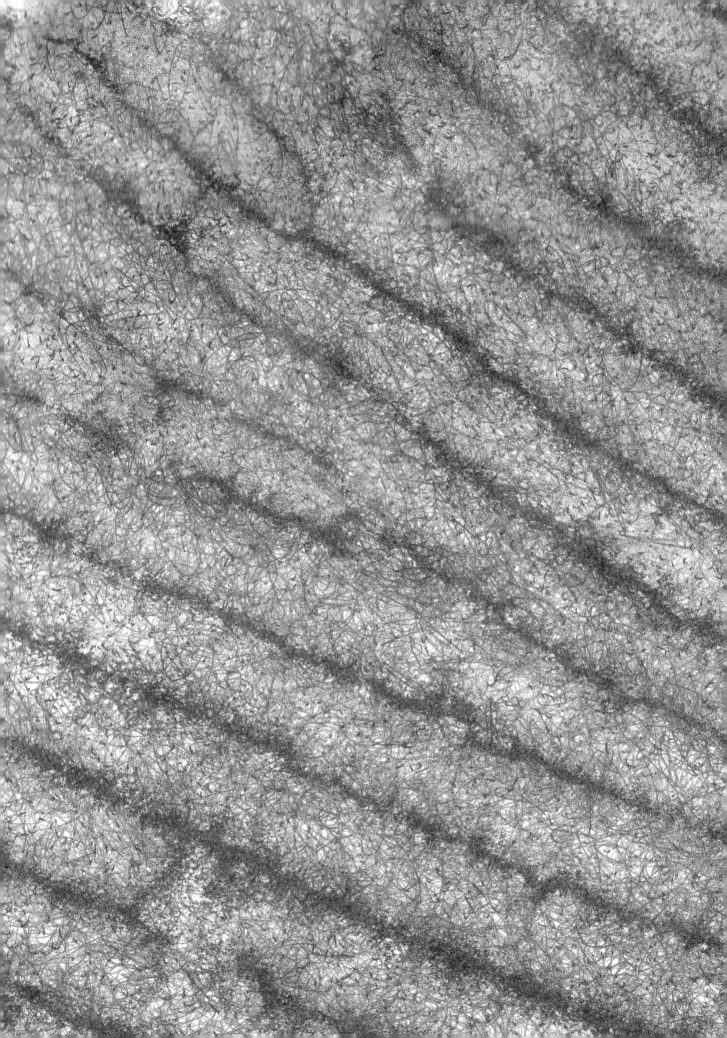

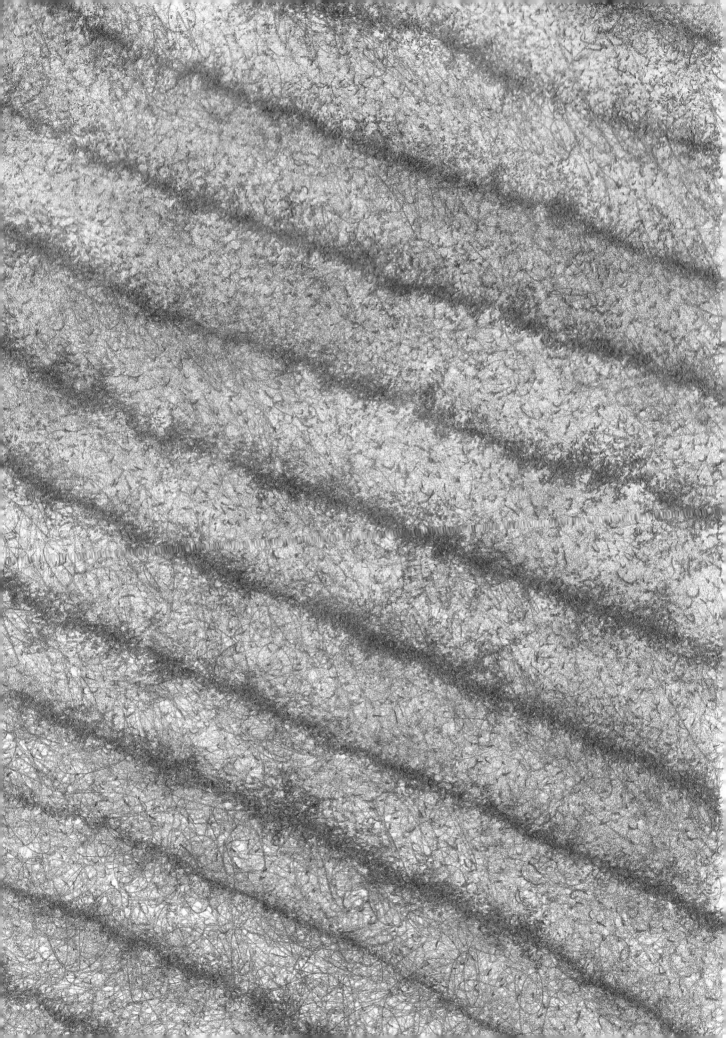

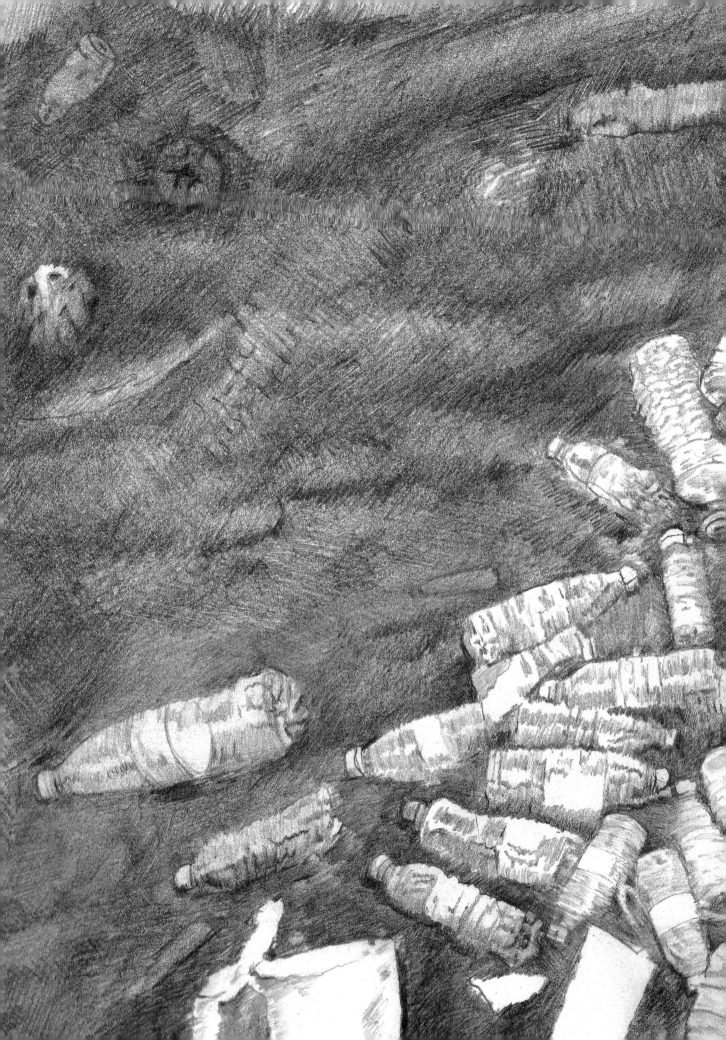

在被水流和气流带着走了许多年之后，勇敢的碳原子再次定居下来。这一次是在黎巴嫩卜舍里的雪松上，它帮忙构建长分子链，从而在这种长寿的针叶树中形成纤维素。

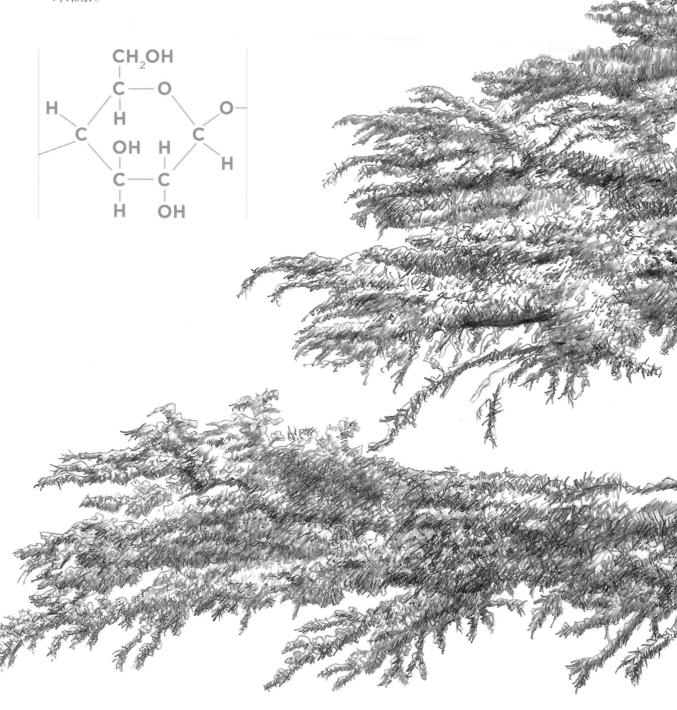

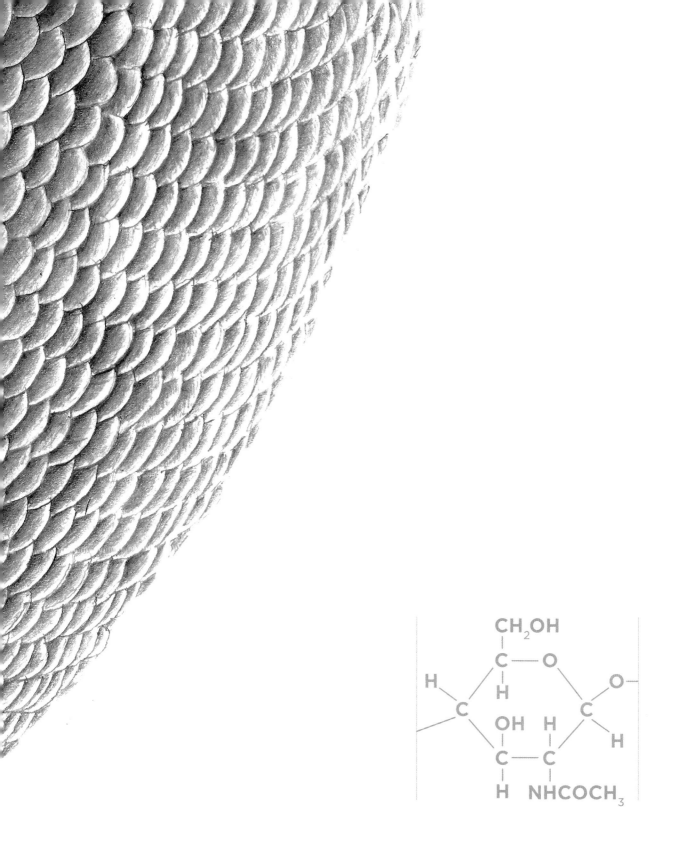

　　春天的温暖将一种黎巴嫩飞蛾的幼虫从避寒的巢穴中唤醒。它们的巢穴位于雪松一簇簇针叶芽苞中的狭小隧道。这些飞蛾幼虫直到蛹期都以新鲜的嫩芽为食。三周后，灰色的小飞蛾便会出现在像夏日般的艳阳下。碳原子如今是长链氨基葡萄糖、几丁质的一部分，这有助于小飞蛾复眼光反应的进行。

　　产卵后不久，飞蛾便死去，落在森林的地面上。它们的身体变成废物，却难以分解腐化。缓慢的腐烂过程经历了不止一个冬天。土壤中的微生物就像经验丰富的清洁工那般，无情地将它们的残骸分解成碎片。

　　关于死亡，碳原子知道些什么呢？它正在进行下一项工作。碳有助于滋养正在生长的仙客来幼苗。这种花长得很高，香味能吸引工蜂的注意。工蜂喝到了富含蔗糖的香甜花蜜，而花蜜聚合分子的主链便是碳原子组成的。

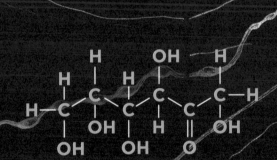

蜜蜂的消化酶将湿润的花蜜转化为富含果糖的浓稠金黄色蜂蜜。其中一些会出现在我们下午热气腾腾的格雷伯爵红茶中。

为了生存，身体需要留意所有的新访客。单糖包含碳原子，一旦被摄取，就会经历被仔细检查、挑选、分类的过程。其中有一部分会被送去另做他用。最终，单糖中的碳原子独自穿过肠壁，进入血液，一路向上——去完成它从未受过训练但却非常适合的任务。这种细胞能量会驻留在大脑的神经元中。

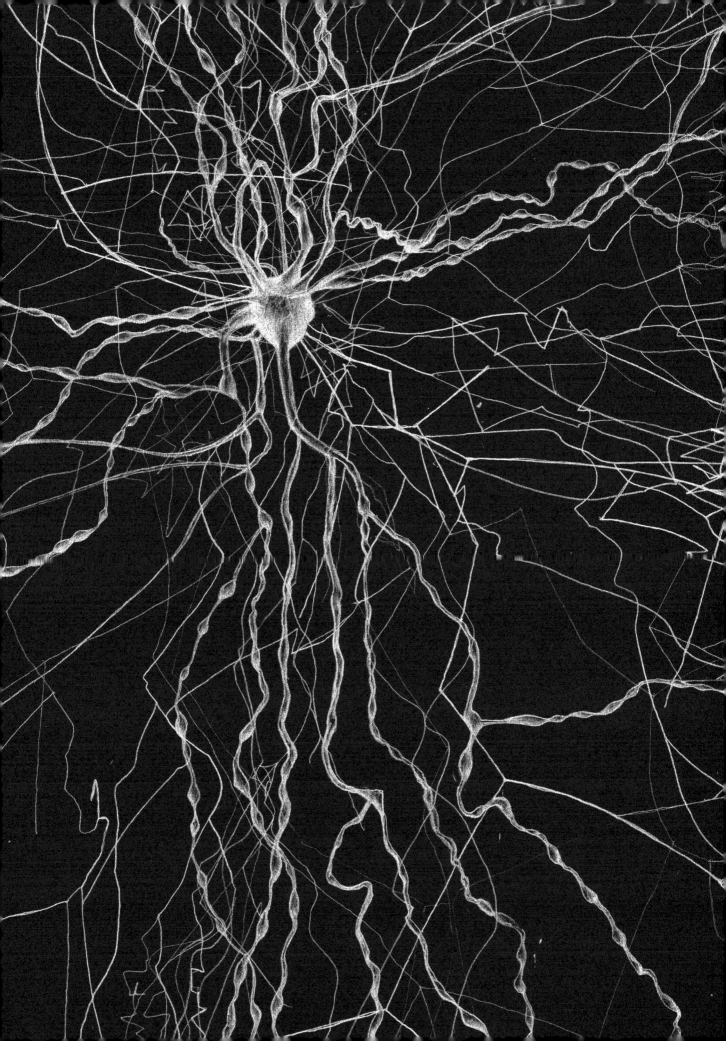

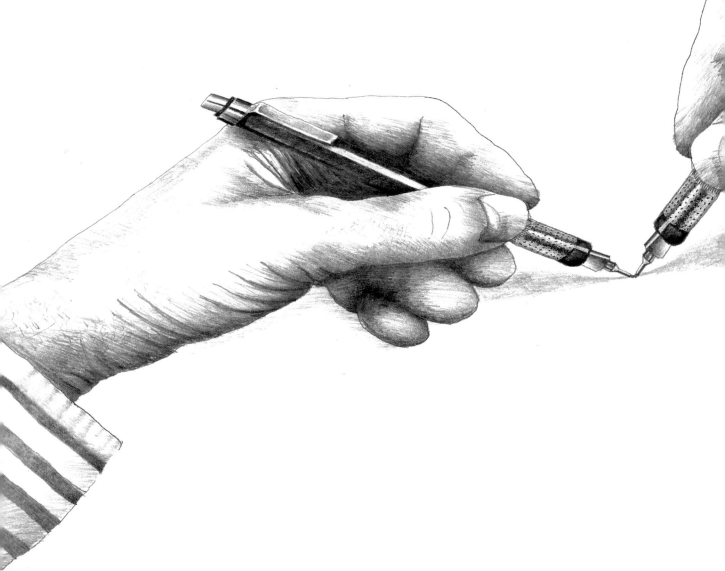

就在我的大脑里，就在神经末梢，含有碳的糖最终被合成为乙酰胆碱，一种神经递质。

在这里，它会改善我的神经功能。它服务于我的意识，引导我的思想。它帮助我将选择指向必要的运动功能。故事是构思出来的，文字是写出来的，图片是用铅笔画出来的。铅笔芯由石墨做成，而石墨的成分是我们的老朋友碳原子。碳原子陪我们到最后一个标点。

就在这里。

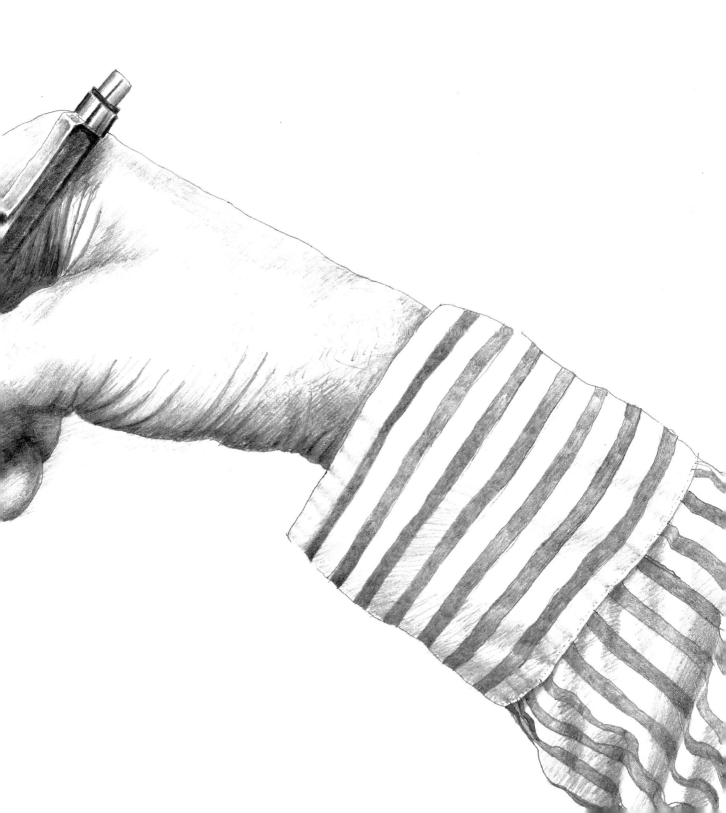

如果你想从零开始做苹果派，
你就得先创造宇宙。

—— ［美］卡尔·爱德华·萨根

关于作者和序一作者

约翰·巴尼特

1963 年出生于纽约州布法罗。到目前为止，他最喜欢的工作是在英国康沃尔做牧羊人。多年来，他一直喜欢做木工，甚至还给自己造了艘帆船。据他透露的消息，这艘船目前还能浮在水上。在过去十年里，他称自己是平面设计师和插画家，他将相关技能运用到了许多书中。他和妻子及三个孩子大多时间住在罗得岛州的纳拉甘西特湾沿岸。

这是他的第一本书。书里面的画采用了自动铅笔在纸上创作的老派画法。

罗德·霍夫曼

1937 年出生于佐洛乔夫，佐洛乔夫那时属于波兰，现在属于乌克兰。他 1949 年来到美国，从 1965 年起一直在康奈尔大学工作，作为理论化学家活跃于学术界。在化学方面，他引导他的同行如何思考电子对化学结构和反应的影响，并赢得了他所在专业领域的大批荣誉。

罗德·霍夫曼也是一位作家，在诗歌、哲学和科学之间开辟出自己的天地。他出版了六本纪实文学作品、三部戏剧剧本和六本诗集，其中包括两本诗歌选集的西班牙文和俄文译本。

致谢

首先，要大力感谢比尔·波洛克，这位 No Starch Press（出版社）的重要人物。他看到并相信这个项目的价值，是他的肯定才成就了这本书。

非常感谢罗德·霍夫曼，他从一开始就表达了对这本书的热情。他仔细阅读本书，对图文都提出不少有见识的建议，这都极其宝贵。很荣幸能得到他深思熟虑的帮助，我想不出谁比他更适合做这个工作。

非常感谢美国强生威尔士大学的生物化学系教授克里斯汀·罗斯勒。他与我多次交谈，仿佛让我上了个生物化学速成班。

感谢编辑内森·海德尔伯格的帮助，他使这本书对更多人而言更有意义。

感谢霍利奥克学院的斯坦·拉丘汀，感谢他在一开始就帮助我让科学步入正轨，避免玄之又玄的字眼。

当我向科学图书编辑斯蒂芬·莫罗展示我的第一张插图时，他就径直鼓励我说："画吧，哥们儿。"感谢他一路给我的极具洞察力的建议，更不用说我们多年来所珍视的友谊。

感谢特丽·索尔发现了我的潜力。

感谢兄弟彼得和姐妹特里西娅一如既往的支持，特别感谢彼得的训练，让我取得了这么多进步。

最后，我还要感谢我所爱的妻子伊索尔德，以及三个了不起的孩子芬恩、奥娜和惠特。在过去的几年里，他们不得不听比任何其他人都要多的关于碳的话题。

The PERIODIC TABLE of the ELEMENTS

元素周期表

1	2	3	4	5	6	7	8	9	10	11	12	13	14	15	16	17	18
1 H 氢																	2 He 氦
3 Li 锂	4 Be 铍											5 B 硼	6 C 碳	7 N 氮	8 O 氧	9 F 氟	10 Ne 氖
11 Na 钠	12 Mg 镁											13 Al 铝	14 Si 硅	15 P 磷	16 S 硫	17 Cl 氯	18 Ar 氩
19 K 钾	20 Ca 钙	21 Sc 钪	22 Ti 钛	23 V 钒	24 Cr 铬	25 Mn 锰	26 Fe 铁	27 Co 钴	28 Ni 镍	29 Cu 铜	30 Zn 锌	31 Ga 镓	32 Ge 锗	33 As 砷	34 Se 硒	35 Br 溴	36 Kr 氪
37 Rb 铷	38 Sr 锶	39 Y 钇	40 Zr 锆	41 Nb 铌	42 Mo 钼	43 Tc 锝*	44 Ru 钌	45 Rh 铑	46 Pd 钯	47 Ag 银	48 Cd 镉	49 In 铟	50 Sn 锡	51 Sb 锑	52 Te 碲	53 I 碘	54 Xe 氙
55 Cs 铯	56 Ba 钡	57—71 La–Lu 镧系	72 Hf 铪	73 Ta 钽	74 W 钨	75 Re 铼	76 Os 锇	77 Ir 铱	78 Pt 铂	79 Au 金	80 Hg 汞	81 Tl 铊	82 Pb 铅	83 Bi 铋	84 Po 钋*	85 At 砹*	86 Rn 氡*
87 Fr 钫*	88 Ra 镭*	89—103 Ac–Lr 锕系	104 Rf 𬬻*	105 Db 𬭊*	106 Sg 𬭳*	107 Bh 𬭛*	108 Hs 𬭶*	109 Mt 鿏*	110 Ds 𫟼*	111 Rg 𬬭*	112 Cn 鿔*	113 Nh 鿭*	114 Fl 𫓧*	115 Mc 镆*	116 Lv 𫟷*	117 Ts 鿬*	118 Og 鿫*

57 La 镧	58 Ce 铈	59 Pr 镨	60 Nd 钕	61 Pm 钷*	62 Sm 钐	63 Eu 铕	64 Gd 钆	65 Tb 铽	66 Dy 镝	67 Ho 钬	68 Er 铒	69 Tm 铥	70 Yb 镱	71 Lu 镥
89 Ac 锕*	90 Th 钍*	91 Pa 镤*	92 U 铀*	93 Np 镎*	94 Pu 钚*	95 Am 镅*	96 Cm 锔*	97 Bk 锫*	98 Cf 锎*	99 Es 锿*	100 Fm 镄*	101 Md 钔*	102 No 锘*	103 Lr 铹*